U0730051

混凝土结构基本原理

张玉峰　　　　主编
杨　翔　张闪林　编制

中国建筑工业出版社

电子教程系列

混凝土结构基本原理

张玉峰　　　　主编

杨　翔　张闪林　编制

*

中国建筑工业出版社出版、发行（北京西郊百万庄）

各地新华书店、建筑书店经销

北京嘉泰利德公司制版

北京中科印刷有限公司印刷

*

开本：787×1092 毫米　1/32　印张：½　字数：14 千字

2008 年 11 月第一版　　2008 年 11 月第一次印刷

定价：**198.00** 元

ISBN 978 - 7 - 89475 - 001 - 3

　　　　（16679）

前 言

    随着多媒体技术的日趋成熟和广泛应用，多媒体教学已经成为当前各级各类教育机构实施教学的主流教学方式，它所取得的优良教学效果是传统教学方法无法替代的。同时，随着计算机网络的普及，网上教学已成为实现远程教育的最佳形式，网络多媒体远程教学，能为学习者提供一种全新概念的学习方式，学习者可以突破时空和地域的限制，随时随地自主学习，同时可以实现双向交互及实时多点交流。在现阶段，这种以网络技术和多媒体技术为基础的现代教育模式是传统教育模式的强有力补充，它能提供丰富多彩的辅助教学手段，代表着未来的发展方向。多媒体课件能利用图、文、声、影等多种媒体结合的特性，直观而形象生动地展现教学内容，使不同地域的学习者能共享优质教育资源，提高学习效率，获取良好的学习效果。

    目前，随着高校立体化教材建设的逐渐推进，CAI 课件已经是立体化教材必不可少的组成部分。当前，应用于实际教学中的 CAI 课件大体上呈现出三种层次：第一个层次，也是制作最简单、最普及和流行的课件形式，就是用 Microsoft PowerPoint 软件制作的幻灯片，可以有文字、图形、图像、动画和视频等，易于组织和编辑教学内容；第二个层次的课件就是用 Authorware、Flash 等多媒体开发工具软件开发的课件，可以制作出丰富的动画素材，具有良好的用户界面，内容组织严密紧凑，逻辑性强；第三个层次的课件是网络多媒体课件，通常用 FrontPage、Dream weaver 等网页制作工具软件设计和制作出课程的网页，用超文本、超链接方式组织教学内容，提供动画、声音、图像、视频等媒体，必要时还需进行编程。随着虚拟现实技术的发展及其在教育培训中的应用，近年来在网络多媒体课件开发中应用虚拟现实技术，充分发挥其沉浸性、自主性、交互性、多感知性等特点，开发新一代的网络多媒体课件受到人们的普遍关注，不仅能使直接用于课堂教学的课件水平得到大大提高，同时也有利于基于互联网的远程教学的实施。总之，基于网络技术和虚拟现实技术的课件是未来多媒体课件的发展方向。

《混凝土结构基本原理》多媒体课件，是在湖北省教育厅立项教学改革研究项目"基于 Web 和 VRML 技术的土木工程结构系列课程 CAI 多媒体课件的研制"成果之一"基于 Web 和 VRML 技术的《混凝土结构基本原理》课程 CAI 网络多媒体课件"的基础上进一步加工和完善而完成的。该教学改革项目研究的出发点就是：针对土木工程专业主干课程的特点，如何充分利用多媒体技术、网络技术（Web）、虚拟现实（VRML）技术来开发多媒体网络课件。近几年的教学实践表明，我们研制的这些课件打破了传统多媒体课件的简单性、单机性、局域性，将多媒体技术、网络技术和虚拟现实技术有机地结合在一起，融合了文字、图片、音效、影视及虚拟现实等多种表现形式，在实际教学中，激发了学生的学习热情和学习兴趣，使得传统教学方式难以讲解、学生难以接受和理解的内容以形象直观的动画和视频展现，取得了良好的教学效果。

本课件由武汉大学教改课题负责人张玉峰主编，负责整个课件的研制，进行了总体构思和设计，制定了相关的技术要求，确定了动画制作的内容和表现方式并进行成果审核。2002 级研究生杨翔制作了课件的网页和虚拟现实素材，并将各类素材组装形成了课件的雏型；2007 级研究生张闪林进行了后期的界面调整、素材扩充和功能完善；在后期完善工作中，2007 级研究生孙瑜蔚、常猛等 2 人重新绘制了部分插图。Flash 动画取材于由张玉峰指导的吉亚妮同学完成的毕业论文。

编者深深感谢上述所有为本课件的研制和出版付出了辛勤劳动和努力的老师和同学！愿本课件在促进国内高校土木工程专业本科教学工作起到一定的作用。本课件若有不当或错误之处，敬请使用本课件的老师、同学和有关读者批评指正，以便再版升级时加以完善。

张玉峰　于武汉大学珞珈山

2008 年 7 月

《混凝土结构基本原理》 说明

《混凝土结构基本原理》多媒体课件是以计算机网络技术和多媒体技术为手段，以网页形式为主，融合了文字、图片、音效、动画、影视及虚拟现实等多种表现形式的互动式的教学课件。该课件主要讲述混凝土结构基本构件的受力性能、计算方法与构造要求等问题。

一、系统说明

1. 运行本系统时，硬件配置要求为 CPU 主频 1GHz 以上；内存 128MB 以上；可用硬盘空间 650MB 以上；显示分辨率为 1024×768。软件配置要求为 Windows 98/Me/2000/XP 操作系统；IE 浏览器为 IE 5.0 及更高版本。

2. 播放本课件中的视频时，应确保系统已经安装了视频播放器。

二、课件简介及相关说明

《混凝土结构基本原理》多媒体课件主要包括三大部分：章节教学、辅助教学和练习。

1. 章节教学部分

本课件的章节教学部分就是按照教师平时授课的要求，将各章节的内容以网页的形式展现给读者。其教学内容共分为 10 章，每章都是按照一般本科教学的要求来编写的。其主要内容包括：第一章　绪论；第二章　混凝土结构材料的物理力学性能；第三章　按近似概率理论的极限状态设计法；第四章　受弯构件的正截面受弯承载力；第五章　受弯构件的斜截面承载力；第六章　轴心受力构件的截面承载力；第七章　偏心受力构件的截面承载力；第八章　受扭构件的扭曲截面承载力；第九章　钢筋混凝土的变形、裂缝及混凝土结构的耐久性；第十章　预应力混凝土构件。

在本课件的教学主页面中，左边是教学的章目录，鼠标移动到目录的某一章标题处时，标题即由白色变为紫色。此时如果点击该标题，则可进入该章的教学页面。在每章的教学页面中都有相应的节目录以供读者浏览，点击目录中某一节或某一小节的标题，即可查看该节的详细教学内容。这样导航清晰，操作方便，易于上手，也易于学习。

2. 辅助教学部分

本课件的辅助教学部分主要是对章节学习栏目中比较难以理解的内容进行形象的展示，有助于读者的深入理解和快速学习。该部分主要包括：课程介绍；设计规范；试验录像；动画演示；虚拟现实等。

"设计规范"是将《混凝土结构设计规范》（GB 50010—2002）以电子文本的形式提供给读者，便于课程学习过程中迅速查阅和浏览相关内容及条文说明。页面也设有主目录和次目录，导航清晰，便于查询，一般用于学习参考。

"试验录像"真实地记录了几种常见梁的破坏形态：素混凝土梁受弯破坏、少筋梁受弯破坏、适筋梁受弯破坏和超筋梁受弯破坏。通过观看试验录像，读者可以清楚地了解梁的受力破坏机理，从而更好地理解混凝土梁的正截面承载力计算公式的建立和有关配筋构造措施。

"动画演示"可分为两大部分：授课范围内的和授课范围外的。授课范围内的部分主要是指动画演示的内容是章节教学内容所涉及到的，包括：标准立方体试块受压破坏、轴心受压短柱的破坏、轴心受压长柱的破坏、梁正截面的破坏、梁斜截面的破坏、先张法施工及后张法施工。授课范围外的部分主要是指动画演示的内容是章节教学部分没有涉及到的内容，但它是对教学内容的扩充，为后续的学习做一个铺垫，主要包括梁板布置、连续梁内力图、支座抗扭刚度的影响、单层厂房、吊车、单向板肋梁楼盖、双向板肋梁楼盖、主梁横向布置、主梁纵向布置及节点钢筋。授课范围内的动画演示都采用了 Flash 交互动画的制作形式，动画的演示可由人来实时控制，这样可将知识讲解的全过程生动地展示出来。

"虚拟现实"部分主要是为了让读者更深入地了解有关混凝土构件而做的。浏览时，按住鼠标左键不放可以任意旋转实体，从而可以从不同的角度来观看实体；按住鼠标中键不放可以拖动实体；单击鼠标右键可以显示和隐藏实体对象；按住鼠标右键不放可以放大缩小实体。

　　3. 练习部分

　　练习部分包括"课后练习"和"自我测验"。"课后练习"部分包括思考题和计算习题，进入相应的页面后，点击目录即可查看相应的题目。"自我测验"部分包含两套测验试题，这两套试题都是按照本科教学的要求来编写的。每份试题都有相应的答案，点击"查看试题"即可查看题目，点击"查看答案"即可查看题目及答案。

三、课件特色

　　1. 授课内容丰富全面，课程体系有机统一。所有内容都以教学大纲为主线，有组织地依次展开，并使用方便简洁的方式连接在一起。

　　2. 课件提供了影视、动画及虚拟现实等环节，把许多以往教师难以讲解、学生难以理解的部分用动画和视频等方式形象直观地展现出来。

　　3. 课件导航清晰明确，浏览方便快捷。课件的各章节都有相应的导航目录，目录能够直接链接到相应的授课内容。

图1　多媒体课件演示开始画面

图 2　教学主页面

　　点击教学主页面左边章节目录即可进入相应章节学习，点击页面的各个菜单项即可进入相应的辅助教学部分。

图 3　章节教学开始页面——第一章

图4 章节教学目录——第一章第一节

图5 章节教学内容——第一章

图6 动画演示——混凝土试块受压破坏

图7 动画演示——适筋梁正截面破坏

图 8　课后练习——思考题

图 9　课后练习——习题

图 10　自我测验题

图 11　虚拟现实——预应力空心板

　　浏览时，按住鼠标左键不放可以任意旋转实体，从而可以从不同的角度来观看实体；按住鼠标中键不放可以拖动实体；单击鼠标右键可以显示和隐藏实体对象；按住鼠标右键不放可以放大缩小实体。

图 12　虚拟现实——钢筋混凝土梁

图 13　混凝土结构设计规范——目录

　　点击左上角的"Back"即可返回上一页，点击左上角的"Up"即可返回相应的目录，点击左上角的"Next"即可连接到下一页，点击目录即可进入相应的内容。

图 14　混凝土结构设计规范——正文内容

友情提示：

用户要浏览本课件的虚拟现实动画素材，需要安装 CULT3D 浏览器播放插件（IE 浏览器播放插件为 cult3d_ie.exe；NS 浏览器播放插件为 cult3d_ns.exe），官方网站下载页面：http://www.cult3d.com/download/download.php。若不能下载到 CULT3D 浏览器播放插件，请与课件作者（张玉峰：yufzhang@whu.edu.cn）联系。

参考文献

［1］天津大学，同济大学，东南大学合编. 混凝土结构（上册）. 北京：中国建筑工业出版社，2005.

［2］中国建筑科学研究院. 混凝土结构设计. 北京：中国建筑工业出版社，2003.

［3］建筑结构可靠度设计统一标准（GB 50068—2001）. 北京：中国建筑工业出版社，2001.

［4］混凝土结构设计规范（GB 50010—2002）. 北京：中国建筑工业出版社，2002.

［5］建筑结构荷载规范（GB 50009—2001）. 北京：中国建筑工业出版社，2002.